全国技工院校公共基础课程教材配套用书

安全生产基础知识

（第五版）

习题册

许素睿　胡广霞　主编

中国劳动社会保障出版社

简介

本书是全国技工院校公共基础课程教材《安全生产基础知识（第五版）》的配套用书。全书按照教材章节顺序编写，涉及题型包括填空题、判断题、选择题、名词解释、简答题和论述题。

本书由许素睿、胡广霞任主编。

图书在版编目（CIP）数据

安全生产基础知识（第五版）习题册/许素睿，胡广霞主编. -- 北京：中国劳动社会保障出版社，2023

全国技工院校公共基础课程教材配套用书

ISBN 978-7-5167-6182-3

Ⅰ.①安… Ⅱ.①许…②胡… Ⅲ.①安全生产-技工学校-教学参考资料 Ⅳ.①X93

中国国家版本馆 CIP 数据核字（2023）第 226730 号

中国劳动社会保障出版社出版发行

（北京市惠新东街 1 号 邮政编码：100029）

*

北京市科星印刷有限责任公司印刷装订 新华书店经销

787 毫米×1092 毫米 16 开本 3.25 印张 66 千字

2023 年 12 月第 1 版 2025 年 1 月第 3 次印刷

定价：10.00 元

营销中心电话：400-606-6496

出版社网址：http://www.class.com.cn

http://jg.class.com.cn

目　录

第一章　安全生产概述

一、填空题

1. 安全是指人们免遭______________的一种状态，它是一个________的概念。

2. 事故是指造成________、疾病、________、损伤或其他损失的__________。

3.《生产过程危险和有害因素分类与代码》（GB/T 13861—2022）把生产过程危险和有害因素分为四大类：________________、物的因素、环境因素和________________。

4. 职业安全卫生是指以保障职工在____________过程中的____________为目的的工作领域及在法律、技术、设备、组织制度和教育等方面所采取的相应措施。

5. 安全生产是指通过____________的和谐运作，使社会生产活动中危及劳动者生命和健康的各种____________和伤害因素始终处于有效控制的状态。

6. 我国安全生产工作方针是：__________________________________。

7. 安全生产的根本目的是保障________在生产过程中的________________。

8. 我国安全生产管理体制是：____________________、职工参与、________、行业自律和______________。

9. 我国安全生产监督管理的体制是：________________________相结合、国家监察与地方监管相结合、政府监督与其他监督相结合。

10. 人命关天，发展决不能以牺牲__________为代价，这要作为一条不可逾越的__________。

二、判断题

1. 安全的目标是追求没有风险。（　）

2. 事故的发生跟很多随机因素有关，因此是无法预防的。（　）

3. 当危险性小到可以接受的水平时，系统被认为是安全的。（　）

4. 安全生产和劳动保护两者从概念上看有所不同，但在内容上有所交叉。（　）

5. 目前工伤保险制度中对工伤的认定一般使用狭义上的工伤概念。（　）

6. 有害因素着重强调突发性和瞬间作用。（　）

7. 没有出现事故就是安全的。（　）

8. 危险源是事故发生的来源，等同于隐患，包括危险因素和有害因素。（ ）
9. 安全生产的根本目的是保障劳动者在生产过程中的安全和健康。（ ）
10. 社会监督不是安全生产监督管理的重要内容。（ ）

三、选择题

1. 依据系统安全工程，下列关于安全概念的描述，错误的是（ ）。
A. 没有发生伤亡事故就是安全的
B. 安全是一个相对的概念
C. 当危险性小到可以接受的水平时即为安全
D. 安全性与危险性的和为 1

2. 某建筑工人经过安全教育培训后，仍然未戴安全帽就进入现场作业施工。从生产过程危险和有害因素的角度来说，这种情况属于（ ）。
A. 人的因素　B. 物的因素
C. 管理因素　D. 环境因素

3. 我国安全生产工作方针中的“综合治理”强调的是（ ）。
A. 抓住重点，遏制重特大事故　B. 强化责任，落实企业自主管理
C. 重在执法，完善法规标准建设　D. 标本兼治，重在治本

4. 安全生产监督管理部门监督管理的方式可以分为事前、事中和事后三种。下列监督管理内容中，属于事后监督管理的是（ ）。
A. 电焊作业人员操作资格证审批
B. 特种劳动防护用品使用的管理
C. 危化品企业负责人安全资格证审批
D. 事故应对和调查处理

5. 关于危险与安全，下列说法正确的是（ ）。
A. 安全是相对的，危险是绝对的　B. 安全是绝对的，危险是相对的
C. 安全和危险都是相对的　D. 安全和危险都是绝对的

6. 下面哪个选项不是事故的基本特性（ ）。
A. 随机性与必然性　B. 关联性及不可预测性
C. 因果性及突变性　D. 潜伏性及可预防性

7. 下列属于行为性危险、有害因素的是（ ）。
A. 作业环境不良　B. 健康状况异常
C. 心理异常　D. 指挥错误

8. 关于安全生产监督管理的说法，错误的是（ ）。

A. 应急管理部门依法对全国安全生产工作实施综合监督管理

B. 交通运输等有关部门依法对有关行业、领域的安全生产工作实施监督管理

C. 特种设备监察实行国家垂直管理的体制

D. 矿山安全监管实行国家监察与地方监管相结合的方式

9. 我国矿山安全监察实行（　　）的管理体制。

A. 垂直管理，分区监察　　B. 横向管理，分级监察

C. 属地管理，垂直监察　　D. 属地管理，分级监察

10. 下列选项中，不属于特种设备安全监察制度的是（　　）。

A. 行政许可制度　　B. 监督检查制度

C. 设备准入制度　　D. 事故应对和调查处理

四、简答题

1. 什么是职业安全卫生？

2. 辨析安全生产和劳动保护的异同。

3. 怎样正确理解我国安全生产工作方针的内在关系？

4. 我国安全管理体制的主要内容是什么？

5. 职业卫生管理的手段和方法有哪些？

6. 安全发展的内涵是什么？

7. 做好安全生产工作的意义是什么？

五、论述题

从事生产经营活动就必然存在风险，发生事故是不可避免的。因此，没有必要谨小慎微。这种观点是否正确，为什么？

第二章 安全生产法律法规

一、填空题

1. 安全生产法律体系是一个包含________、多种法律制度和多项内容法律规范的________。

2. 在我国，只有________________才有权制定和修订法律。

3. 安全生产法规分为________和________。安全生产行政规章分为________和地方政府规章。

4. 《中华人民共和国安全生产法》（以下简称《安全生产法》）的立法目的是加强________，防止和减少生产安全事故，保障人民群众________安全，促进经济社会持续健康发展。

5. 《中华人民共和国职业病防治法》的立法目的是预防、控制和消除________，防治职业病，保护________及其相关权益，促进经济社会发展。

6. 安全生产条件是指生产经营单位在安全生产中的______、______、场所、环境等硬件方面的条件，这些条件要与__________配套。

7. 生产经营单位必须为从业人员提供符合________或者行业标准的劳动防护用品，并监督、教育从业人员按照使用规则______、______。

8. 生产经营单位的从业人员有权了解作业场所和工作岗位存在的________、防范措施及__________，有权对本单位的安全生产工作提出建议。

9. 生产经营单位与从业人员订立的劳动合同，应当载明有关保障从业人员______、防止______的事项，以及依法为从业人员办理______的事项。

10. 不得安排女职工在经期从事______、______、______作业和国家规定的第三级体力劳动强度的劳动。

二、判断题

1. 《安全生产法》是我国第一部安全生产基本法律。 （ ）

2. 安全生产法规可分为国务院行政法规、部门规章和地方性法规。 （ ）

3. 经济特区安全生产法规的法律地位高于地方性安全生产法规。（ ）

4. 国家标准和行业标准对生产经营单位的安全生产具有同样的约束力。（ ）

5. 生产经营单位对重大危险源应当登记建档，进行定期检测、评估、监控，并制定应急预案。（ ）

6. 发现直接危及从业人员人身安全的紧急情况时，工会有权组织从业人员撤离危险场所。（ ）

7. 储存烟花爆竹的仓库不得与员工宿舍在同一座建筑物内，并应当与员工宿舍保持安全距离。（ ）

8. 不得安排未成年工从事矿山井下、有毒有害、国家规定的第三级体力劳动强度的劳动和其他禁忌从事的劳动。（ ）

9. 专门的安全管理机构和安全管理人员担负着安全生产管理工作，对预防事故的发生起着至关重要的作用。（ ）

10. 因生产安全事故受到损害的从业人员，除依法享有工伤保险外，依照有关民事法律尚有获得赔偿的权利的，有权提出赔偿要求。（ ）

三、选择题

1. 法的层级不同，其法律地位和效力也不同。下列按照法律地位和效力由高到低对安全生产立法的排序，正确的是（ ）。

A. 法律、行政法规、部门规章

B. 法律、地方性法规、行政法规

C. 行政法规、部门规章、地方性法规

D. 地方性法规、地方政府规章、部门规章

2. 我国安全生产工作方针中的“预防为主”，是指按照事故发生的规律和特点，千方百计防止事故的发生。下列措施中，最能体现“预防为主”的是（ ）。

A. 追究事故责任，加大事故处罚力度

B. 筹备应急资源，提高救援能力

C. 提高事故的经济赔偿金额

D. 建设项目“三同时”

3. 依据《安全生产法》的规定，下列安全生产工作职责属于生产经营单位主要负责人的是（ ）。

A. 检查本单位的安全生产状况，及时排查生产安全事故隐患，提出改进安全生产管理的建议

B. 组织或者参与本单位应急救援演练

C. 组织或者参与本单位安全生产教育和培训，如实记录安全生产教育和培训情况

D. 建立健全并落实本单位全员安全生产责任制，加强安全生产标准化建设

4. 隐患排查治理是生产经营单位安全生产义务的重要内容。对本单位事故隐患排查治理工作全面负责的是单位的（ ）。

A. 主要负责人　　B. 技术管理负责人

C. 安全管理负责人　　D. 设备管理负责人

5. 生产经营单位应当设置安全生产管理机构或者配备专职或者兼职的安全生产管理人员。甲企业是一家道路运输企业，拥有员工数量 85 人；乙企业是一家食品加工公司，从业人员数量为 155 人；丙企业是一家化工压力容器生产厂，从业人员数量为 95 人；丁企业是一家金属冶炼公司，从业人员数量为 88 人。依据《安全生产法》，上述生产经营单位中，应当设置安全生产管理机构或者配备专职安全生产管理人员的企业是（ ）。

A. 甲、乙、丙　　B. 甲、乙、丁

C. 丙、丁　　D. 乙、丙

6.《中华人民共和国突发事件应对法》规定，国家将可以预警的自然灾害、事故灾难和公共卫生事件的预警级别，按照突发事件发生的紧急程度、发展势态和可能造成的危害程度分为一级、二级、三级和四级，分别用（ ）标示。

A. 红色、黄色、蓝色和绿色　　B. 红色、橙色、黄色和绿色

C. 红色、紫色、橙色和黄色　　D. 红色、橙色、黄色和蓝色

7. 依据《安全生产法》对从业人员安全生产权利义务的有关规定，当发现直接危及人身安全的紧急情况时，从业人员（ ）。

A. 要立即向现场安全管理人员报告

B. 要采取一切技术手段抢险救灾

C. 在采取必要的个人防护措施后，在现场静观事态变化

D. 有权停止作业或者在采取可能的应急措施后撤离作业场所

8. 生产、经营、储存、使用（ ）的车间、商店、仓库不得与员工宿舍在同一座建筑物内，并应当与员工宿舍保持安全距离。

A. 化妆品　　B. 化学品

C. 危险物品　　D. 药品

9. 某女职工处于哺乳未满 1 周岁的婴儿期间，用人单位对该女职工工作的安排，正确的是（ ）。

A. 安排夜班劳动

B. 安排适当延长其工作时间

C. 安排从事国家规定的第二级体力劳动强度的劳动

D. 安排从事国家规定的第三级体力劳动强度的劳动

10. 未成年工是指（　　）的劳动者。

A. 年满 15 周岁不满 17 周岁　　B. 年满 15 周岁不满 18 周岁

C. 年满 16 周岁不满 18 周岁　　D. 年满 18 周岁不满 20 周岁

四、简答题

1. 生产经营单位的安全生产基本法律义务是什么？

2. 双重预防机制的基本工作思路是什么？

3. 生产经营单位的主要负责人对本单位安全生产工作负有的职责有哪些？

4. 建设项目“三同时”指的是什么？

5. 从业人员的安全生产权利有哪些？

6. 从业人员的安全生产义务有哪些？

7. 什么是未成年工？未成年工特殊保护规定有哪些？

五、论述题

对于生产事故，从《安全生产法》的角度分析安全生产监督管理部门、生产经营单位和从业人员等方面的主要责任，并提出相应的控制事故的措施。

第三章　安全生产管理

一、填空题

1. 安全生产管理的内容包括：安全生产__________和安全生产管理人员、安全生产责任制、安全生产管理__________、安全生产策划、安全生产培训教育、安全生产档案等。

2. 企业安全生产标准化是指企业通过落实企业安全生产主体责任，全员全过程参与，建立并保持______________，全面管控生产经营活动各环节的安全生产与职业卫生工作，实现安全健康管理系统化、岗位操作行为规范化、____________________、作业环境器具定置化，并持续改进。

3. 动态相关性原则告诉我们，构成管理系统的各要素是____________的，它们____________又相互制约。

4. 采取强制_____________控制人的意愿和行为，使个人的活动、行为等受到安全生产管理要求的约束，从而实现有效的________________，这就是强制原理。

5. 安全生产规章制度是指生产经营单位依据国家有关____________、国家和行业标准，结合生产经营的__________________，以生产经营单位名义颁发的有关安全生产的________文件。

6. 生产经营单位_____________和安全生产管理人员初次安全培训时间不得少于________学时，每年再培训时间不得少于________学时。

7. 生产经营单位的__________________，必须按照国家有关法律、法规的规定接受专门的安全培训，经_______________，取得特种作业操作资格证书后，方可________________。

8. 安全______________和____________________双重预防工作机制是当前有效防范和遏制重特大事故的重要举措。

9. 事故隐患分为_____________和________________。

10. 生产经营单位新建、改建、扩建工程项目的安全设施，必须与主体工程________、________、________________。

二、判断题

1. 安全生产管理的基本对象是企业的员工。（　　）

2. 安全生产工作重点是防止人的不安全行为。（　　）

3. 生产经营单位的安全生产教育培训计划应由安全生产管理人员负责组织制定。（　　）

4. 煤矿企业的安全生产管理人员初次安全培训时间不得少于48学时。（　　）

5. 安全生产教育培训工作要分层次、分阶段、循序渐进地进行，但没必要是全员培训。（　　）

6. 对于在生产经营单位内调整工作岗位或离岗一年以上重新上岗的从业人员，应当重新接受车间和班组级的安全培训。（　　）

7. 安全色分为红、橙、黄、绿4种颜色，其中紧急出口通常设为黄色。（　　）

8. 特种作业操作证有效期为6年，每两年复审1次。（　　）

9. 生产经营单位是事故隐患排查、治理和防控的责任主体。（　　）

10. 安全标志是用以表达特定安全信息的标志，由图形符号、安全色、几何图形或文字构成。（　　）

三、选择题

1. 安全生产管理包括安全生产法制管理、行政管理、监督检查、工艺技术管理、设备设施管理、作业环境和条件管理等。安全生产管理的基本对象是（　　）。

A. 生产工艺　　B. 设备设施

C. 企业的员工　　D. 作业环境

2. 生产经营单位应当在有较大危险因素的生产场所的明显位置设置安全标志。安全标志分为四类，分别是（　　）标志。

A. 禁止、注意、提示和通行　　B. 禁止、警告、指令和提示

C. 必须、警告、提醒和通行　　D. 必须、注意、命令和提醒

3. 事故应急管理不能局限于事故发生后的应急救援行动，而应做到“预防为主，常备不懈”。完整的事故应急管理过程包括（　　）阶段。

A. 预防、准备、响应和恢复　　B. 策划、准备、响应和评审

C. 策划、响应、恢复和预案管理　　D. 预防、响应、恢复和评审

4. 根据《中华人民共和国特种设备安全法》，下列关于特种设备的生产、经营、使用的说法正确的是（　　）。

A. 电梯安装验收合格、交付使用后，使用单位应当对电梯的安全性能负责

B. 锅炉改造完成后，施工单位应当及时将改造方案等相关资料归档保存

C. 进口大型起重机，应当向进口地的安全监管部门履行提前告知义务

D. 压力容器的使用单位应当向负责特种设备安全监管部门办理使用登记

5. “如果引发事故的因素存在，那么，发生事故就是必然的，只是发生的时间或迟或早而已”，这句话说明了（　　）原则。

A. 反馈　　B. 因果关系

C. 偶然损失　　D. 动态相关性

6. 在生产经营单位的安全生产工作中，各管理机构之间、管理制度和方法之间，必须具有紧密的联系，形成相互制约的回路，方能有效进行管理。这种管理思想遵循的是（　　）原则。

A. 因果关系　　B. 反馈

C. 封闭　　D. 动态相关性

7. 某轨道交通企业，由于业务范围扩大，从某技工院校招聘实习生 20 名，接收某公司劳务派遣人员 15 名。以下关于安全教育培训的说法，正确的是（　　）。

A. 实习生和劳务派遣人员班组级安全教育培训由所在班组组织实施

B. 招聘的实习生实习期间要单独上岗作业，提高岗位操作水平

C. 实习生和劳务派遣人员的初次安全培训时间不得少于 20 学时

D. 实习期满的人员每年复审培训时间不得少于 8 学时

8. 生产经营单位必须为从业人员提供符合国家标准或行业标准的劳动防护用品，劳动防护用品的选用应遵循一定的原则。下列选用原则中，错误的是（　　）。

A. 作业场所危害因素　　B. 作业场所危害评估结果

C. 劳动防护用品网站上的排名　　D. 作业环境和使用者的合适性

9. 企业安全生产标准化强调落实企业领导责任、构建双重预防机制、制度化管理等安全核心要素。根据《企业安全生产标准化基本规范》（GB/T 33000—2016），下列管理要素中，属于“制度化管理”的二级要素的是（　　）。

A. 全员参与　　B. 人员教育培训

C. 文档管理　　D. 安全生产投入

10. 在生产经营单位的安全生产工作中，最基本的安全管理制度是（　　）。

A. 安全生产目标管理制　　B. 安全生产承包责任制

C. 安全生产奖励制度　　D. 安全生产责任制

四、简答题

1. 什么是预防原理？

2. 人本原理的含义是什么？

3. 安全生产管理人员安全培训应当包括哪些内容？

4. 重大事故隐患治理方案应当包括哪些内容？

5. 风险分级管控程序应如何进行？

6. 个体防护装备应如何选择？

7. 企业安全文化建设是什么？在其过程中应注意什么？

五、论述题

1. 简述事故应急管理过程。

2. 结合实际，谈谈我国安全生产教育培训的现状、存在的问题及对策。

第四章　生产安全事故预防

一、填空题

1. ____________是从大量典型事故本质原因的分析中提炼出的事故机理和事故模型。

2. 事故因果连锁理论认为造成事故的原因是________________________。

3. 系统安全是指在____________内应用系统安全管理及系统安全工程原理，识别____________并使其危险性减至最小，从而使系统在规定的性能、时间和成本范围内达到最佳的____________。

4. 事故调查分析要切实做到“四不放过”，即事故原因分析不清不放过，____________________________，事故责任者和群众没有受到教育不放过，____________________________。

5. ____________是事故预防与分析的主体，即“管生产必须管安全”，________________对事故预防具体工作安排负主要责任。

6. 事故预防技术措施是以____________手段解决安全问题，预防事故的发生及减少事故造成的伤害和损失，是预防和控制事故的最佳安全措施。

7. 事故致因“2-4”模型是一个现代事故致因模型，其第六版有静态和动态两种表示结构，静态的逻辑结构靠__________关系建立。动态的逻辑结构靠__________关系建立。

8. 黄色与____________相间隔的条纹用于各种机械在工作或移动时容易碰撞的部位，表示对这些部位要特别注意；红色和____________相间隔的条纹用于公路交通防护栏杆及隔离墩等，表示禁止通行、禁止跨越。

9. 安全评价是指以实现安全为目的，应用安全系统工程原理和方法，______________工程、系统、生产经营活动中的________________，预测发生事故或造成职业危害的可能性及其严重程度，提出科学、合理、可行的安全对策、措施、建议，作出__________的活动。

10. 目前，我国事故预防方面常用的两种保险是____________和____________。

11. 相对指标是伤亡事故的两个相联系的__________之比，表示事故的发生频率，如__________、千人重伤率、百万吨死亡率等。

12. 安全生产监督管理部门和负有安全生产监督管理职责的有关部门接到事故报告后，

应当按照＿＿＿＿＿＿逐级上报事故情况，并报告同级人民政府，通知公安机关、劳动保障行政部门、工会和人民检察院，且每级上报的时间不得超过＿＿＿＿小时。

13. 事故调查组应当自事故发生之日起＿＿＿＿日内提交事故调查报告；特殊情况下，经负责事故调查的人民政府批准，提交事故调查报告的期限可以适当延长，但延长的期限最长不超过＿＿＿＿日。

二、判断题

1. 事故的发生是完全没有规律的偶然事件。（　　）

2. 把事故发生次数多的工人调离岗位以后，可以降低企业事故发生率。（　　）

3. 人体各部分对每一种能量都有一个损伤阈值。当施加于人体的能量超过该阈值时，就会对人体造成损伤。（　　）

4. 没有任何一种事物是绝对安全的，任何事物中都潜伏着危险因素。（　　）

5. 工伤保险是指国家通过立法建立，用社会统筹的方式形成基金，对在生产、工作过程中负伤致残、患职业病、丧失劳动能力的职工，以及对无生活来源的因工死亡职工遗属提供物质帮助的制度。（　　）

6. 安全生产事故预防是企业管理人员的事，跟普通工人无关。（　　）

7. 千人死亡率表示某时期，平均每千名职工中，因工伤事故造成死亡的人数。（　　）

8. 未经事故调查组组长允许，事故调查组成员不得擅自发布有关事故的信息。（　　）

9. 事故调查组向有关单位和个人了解与事故有关的情况时，有关单位和个人可以根据工作情况予以拒绝。（　　）

10. 事故发生单位主要负责人在发生事故时不立即组织事故抢救的，处上一年年收入40%的罚款。（　　）

三、选择题

1. 海因里希事故因果连锁理论认为，中断事故连锁的进程，就可避免事故的发生。根据这一原理，企业安全工作应以（　　）为中心。

A. 形成注重安全的良好环境

B. 使用无缺点的人

C. 由机器代替人进行操作

D. 防止人的不安全行为或消除物的不安全状态

2. 能量意外转移理论认为，在一定条件下，某种形式的能量能否造成伤害及事故，主要取决于人所接触的能量的大小，接触的时间长短和频率，以及（　　）等。

A. 人的健康状况　　B. 产生能量的原因

C. 力的集中程度　　D. 事故的类别

3. 在工业生产中，设置防爆墙、防火门等设施来预防事故的发生，其应用的事故致因理论是（　　）。

A. 系统安全理论　　B. 能量意外转移理论

C. 事故频发倾向理论　　D. 海因里希事故因果连锁理论

4. 对于事故的预防与控制，安全技术措施着重解决（　　）。

A. 人的不安全行为　　B. 管理缺陷

C. 物的不安全状态　　D. 员工安全素质低

5. 某建筑工人经过安全教育培训后，仍然未戴安全帽就进入现场作业施工。从事故致因理论的角度来说，这种情况属于（　　）。

A. 人的不安全行为　　B. 物的不安全状态

C. 管理缺陷　　D. 工作条件因素

6. 在高速运转的机械飞轮外部安装防护罩，属于（　　）的安全技术措施。

A. 限制能量　　B. 隔离

C. 故障设计　　D. 设置薄弱环节

7. 某企业开展安全生产检查与隐患排查治理工作，安全部王某在制冷车间用便携式氨检测仪进行泄漏检查，生产部张某通过查阅 1 号压缩机运行压力并进行趋势分析，提出超压预警告知。王某和张某的安全检查类型是（　　）。

A. 专业（项）安全生产检查　　B. 职工代表不定期的安全检查

C. 综合性安全生产检查　　D. 季节性安全生产检查

8. 《生产安全事故报告和调查处理条例》规定，事故调查中需要进行技术鉴定的，（　　）应当委托具有国家规定资质的单位进行技术鉴定。

A. 事故发生单位

B. 事故发生地人民政府

C. 事故发生地安全生产监督管理部门

D. 事故调查组

9. 《生产安全事故报告和调查处理条例》规定，根据生产安全事故造成的人员伤亡或者直接经济损失，将生产安全事故分为（　　）四个等级。

A. 特大事故、重大事故、一般事故和轻微事故

B. 特别重大事故、重大事故、较大事故和一般事故

C. 重大事故、大事故、一般事故和小事故

D. 特别重大事故、特大伤亡事故、重大伤亡事故和死亡事故

10. 事故报告后出现新情况的，应当及时补报。自事故发生之日起（　　）日内，事故造成的伤亡人数发生变化的，应当及时补报。

A. 10　　B. 15

C. 30　　D. 60

11. 下列不属于为预防事故发生而采用的安全技术措施的是（　　）。

A. 隔离　　B. 控制能量

C. 逃逸、求生和营救　　D. 危险最小化设计

12. 根据工伤保险的（　　）原则，员工因违章操作负伤，应认定为工伤。

A. 无责任补偿　　B. 有责任补偿

C. 无偿赔付　　D. 职工个人不缴费

13. 事故发生单位主要负责人受到刑事处罚或者撤职处分的，自刑罚执行完毕或者受处分之日起，（　　）不得担任任何生产经营单位的主要负责人。

A. 2 年内　　B. 5 年内

C. 10 年内　　D. 终身

14. 下列事故统计指标中，属于绝对指标的是（　　）。

A. 百万吨死亡率　　B. 千人死亡率

C. 百万工时伤害率　　D. 损失工作日

15. 伤亡事故统计指标包括伤亡事故频率指标和事故严重率指标。下列选项中不属于伤亡事故频率指标的是（　　）。

A. 千人死亡率　　B. 千人重伤率

C. 伤害频率　　D. 按产品产量计算的死亡率

16. 甲安全评价机构接受了乙企业的委托进行安全评价，评价组人员进行了现场勘查，认为该企业安全设备设施具备投入生产和使用的条件，提交了相关评价报告。该评价报告可不包括的内容是（　　）。

A. 安全设施设计的符合性

B. 安全对策措施在试运投产中的合理有效性

C. 试生产记录和对策措施建议的落实情况

D. 安全对策措施的具体设计、安全施工情况有效保障程度

17. 某化工公司物流部运输车押运员在磷酸装卸区附近，使用低压蒸汽对运输车罐体内残留的硫化钠残液进行蒸罐清洗，污水流入地沟后与地沟内残存的磷酸发生反应，产生的硫化氢气体造成附近 2 人中毒死亡，导致事故发生的直接原因是（　　）。

A. 化工公司没有设置单独的清洗作业场所

B. 装卸作业风险辨识不清、装卸区安全管理混乱

C. 运输车押运员培训不到位，违规操作

D. 硫化钠污水流入地沟，与地沟内的磷酸发生化学反应

四、简答题

1. 什么是海因里希事故因果连锁理论？

2. 什么是轨迹交叉理论？

3. 事故分析的主要任务是什么？

4. 简述安全生产责任保险的保障范围。

5. 安全检查的内容包括什么？

6. 事故调查组的职责有哪些？

7. 事故发生单位对事故发生负有责任的，应受到什么处罚？

五、论述题

1. 预防事故发生的安全技术措施有哪些？

2. 简述生产安全事故报告的内容。

第五章　安全生产技术

一、填空题

1. 机械危险的基本类型主要有：做__________的机械部件引起的卷绕和绞缠的危险；做往复直线运动的零部件引起的________、________和冲击的危险；相互配合的运动副造成的引入或__________、碾压的危险。

2. 电气危险因素分为________危险、雷电危险、________危险、______________危害和电气系统故障等。

3. 机械产品安全通过________、制造和________ 3 个环节实现，设计是机械安全的源头，________是实现产品质量的关键，安装是制造的延续，三者的结合是机械产品安全的重要保证。

4. 直接接触电击的基本防护措施是________、屏护和________。

5. 间接接触电击的基本防护措施是____________和____________。

6. 电气设备及装置在运行中产生的__________、__________和__________是电气火灾爆炸的主要原因。

7. 燃烧是可燃物与________作用发生的放热反应，通常伴有火焰、发光和（或）发烟的现象。放热、发光、____________是燃烧现象的 3 个主要特征。

8. 点火源的种类很多，有明火、________、摩擦撞击、________等。

9. 特别重大火灾是指造成________人以上死亡，或者________人以上重伤，或者________元以上直接财产损失的火灾。

10. 灭火的基本方法：窒息灭火法、____________、隔离灭火法和____________。

11. 烟花爆竹以________为主要原料制成，用于观赏，是具有______________的物品。

12. 在烟花爆竹生产过程中，要按照“________、________、________”的原则限量领药。

13. 暗适应的过渡时间较长，约需要____min 才能完全适应；明适应约需____min，其过程即趋于完成。

14. 为了保证安全作业，在机器设计中，应使操纵速度低于________。

15. 国家对特种设备的________、制造、安装、使用和维修实施分类的、__________

的安全监督管理。

16. 国家按照______________的原则对特种设备生产实行________制度。

17. 输油气站场总平面布置，应根据其______________、火灾危险性等级功能要求，结合地形、________等条件，经技术经济可行性分析确定。

18. 可能散发可燃气体的场所和设施，宜布置在人员集中场所及明火或散发火花地点的全年最小频率风向的________。

19. 甲、乙类液体储罐，宜布置在站场地势________处，当受条件限制或有特殊工艺要求时，可布置在地势较高处，但应采取有效的_____________的措施。

20. 对于结蜡严重的原油管道，应在清管前适当提高管道运行温度和输送量，从管道的________端开始逐段清管。

21. 对易燃易爆性物品的各项操作不得使用________________的工具，作业现场应远离热源与火源。

22. 高处作业施工前，应对作业人员进行________________，并应记录。

23. 当遇有________级及以上强风、________、沙尘暴等恶劣天气时，不得进行露天攀登与悬空高处作业。

24. 安全防护设施宜采用定型化、工具化设施，防护栏应用________或________相间的条纹标示，盖件应用____色或____色标示。

25. 深基坑四周设________，人员上下要有________。

26. 道路交通事故按事故严重程度分为特大事故、_________、一般事故和_________4类。

27. 影响道路交通安全的因素包括人员、________、道路和________四大类。据统计，大约90%的道路交通事故与________有关。

28. 铁路运输事故的主要类型包括行车事故、________、货运事故和______________。

29. 按开采矿种的不同，矿山分为________矿山和__________矿山。

30. 采矿方法可大致分为________、________和液体开采3种。

31. 瓦斯是指矿井中主要由煤层气构成的以____________为主的有害气体，有时单独指________。

32. 引起瓦斯燃烧与爆炸必须具备3个条件，即________________、______________和足够的氧气。

33. 采用瓦斯________技术是减少矿井瓦斯涌出量、防止瓦斯爆炸和突出的治本措施。

34. 矿井被动式隔爆棚主要包括____________、隔爆水槽棚和______________，其中____________的使用最为广泛。

35. 在煤矿生产过程中伴随煤和岩石被粉碎而产生的混合性粉尘统称为粉尘，主要是

________和________。

36. 非煤矿山开采时对露天边坡滑坡事故隐患可以采用________和________检测技术等手段进行监测。

37. 天然气是蕴藏在地层内的可燃气体，其主要成分为________。

38. 发生煤与瓦斯突出事故时，矿山救护队的主要任务是抢救遇险人员和对充满瓦斯的巷道进行________。

二、判断题

1. 进行收发清管器作业时，操作人员不应正面对盲板进行操作。（　）

2. 桶装各种氧化剂不得在水泥地面滚动。（　）

3. 只要具备可燃物、氧气和点火源，就能引起燃烧。（　）

4. 在使用手提式干粉灭火器时，应使喷嘴对准火焰上部进行喷射灭火。（　）

5. 化学性爆炸包括可燃性气体与空气混合物的爆炸、粉尘的爆炸、气体分解的爆炸、锅炉爆炸等。（　）

6. 导火索、导爆索、导爆管等属于传爆材料。（　）

7. 按照药量及所能构成的危险性大小，烟花爆竹产品分为 A、B、C、D 4 级。其中 C 级为适用于近距离燃放、危险性很小的产品。（　）

8. 烟花爆竹生产过程中的装药、筑药应在单独工房操作。（　）

9. 在人机系统中，人始终起着核心和主导作用，机器起着安全可靠的保障作用。（　）

10. 劳动强度指数 $I=20\sim25$ 时为重强度劳动，对应的体力劳动强度等级为Ⅱ级。（　）

11. 产品在结构设计时除需考虑操作人员的安全外，还必须考虑维修人员的安全。（　）

12. 危险化学品的主要危险特性有燃烧性、爆炸性、毒害性和失效性。（　）

13. 根据化学品的危险程度和类别，用“危险”“注意”两个词分别进行危害程度的警示。（　）

14. 操作易燃液体时可以穿化纤工作服。（　）

15. 有限空间作业应当严格遵守“先通风、再检测、后作业”的原则。（　）

16. 对车辆转向架侧架、摇枕实行寿命管理，凡使用年限超过 20 年的配件全部报废。（　）

17. 水路运输中的风灾事故是指船舶遭受较强风暴袭击造成损失的事故。（　）

18. 按规模大小的不同，矿山可分为特大型矿山、大型矿山、中型矿山和小型矿山。（ ）

19. 矿井瓦斯爆炸往往引起煤尘爆炸、矿井火灾、井巷坍塌和顶板冒落等二次灾害。（ ）

20. 更换油嘴时，操作人员应避开油气出口方向。（ ）

三、选择题

1. 机械设备操作中经常出现的危险有（ ）。

A. 机械伤害、触电、中毒　　B. 打击、坠落、坠落打击碾压

C. 触电、火灾、爆炸　　D. 机械伤害、火灾、爆炸、辐射

2. 旋转部件和成切线运动部件间的咬合处是机械设备的危险部位之一。下列选项中属于这种危险部位的是（ ）。

A. 金属刨床的工作台与床身　　B. 锻锤的锤体

C. 传动皮带与皮带轮　　D. 剪切机的刀刃

3. 某商场为减少火灾可能导致的重大事故损失，拟采取以下四种安全措施：①设置防火墙；②增设避难逃生场所；③增设排烟风机；④配备过滤式防毒面具。按照安全措施等级优先顺序的一般原则，下列排序正确的是（ ）。

A. ①③②④　　B. ①②④③

C. ③①④②　　D. ③④①②

4. 保护接地的做法是将电气设备在故障情况下可能带有危险电压的金属部位经接地线、接地体同大地紧密地连接起来。下列关于保护接地的说法中，正确的是（ ）。

A. 保护接地的安全原理是通过高电阻接地，把故障电压限制在安全范围以内

B. 保护接地防护措施可以消除电气设备漏电状态

C. 保护接地不适用于所有不接地配电网

D. 保护接地是防止间接接触电击的安全技术措施

5. 下列设备中属于特种设备的是（ ）。

A. 挖掘机　　B. 大型机床

C. 铁路机车　　D. 客运索道

6. 可燃物与氧化剂作用发生的放热反应称为（ ）。

A. 闪燃　　B. 自燃

C. 燃烧　　D. 火灾

7. 爆炸的本质是（ ）。

A. 温度升高　　B. 周围介质振动

C. 压力急剧升高　　　　　　D. 发光发热

8. 下列属于物理性爆炸的是（　　）。

A. 面粉爆炸　　　　　　B. 乙炔爆炸

C. 锅炉爆炸　　　　　　D. 煤粉爆炸

9. 下列不属于特别重大火灾的情况是（　　）。

A. 死亡 30 人以上　　　　　　B. 重伤 100 人以上

C. 直接财产损失 1 亿元以上　　　　　　D. 烧毁财物损失 1 000 万元以上

10.《火灾分类》（GB/T 4968—2008）中固体有机物质燃烧的火灾属于（　　）类火灾。

A. A　　　　　　B. B

C. C　　　　　　D. D

11.《火灾分类》（GB/T 4968—2008）中天然气火灾属于（　　）类火灾。

A. A　　　　　　B. B

C. C　　　　　　D. D

12. 工艺过程中产生的静电的最大危险是（　　）。

A. 给人以电击　　　　　　B. 引起过负载

C. 造成爆炸　　　　　　D. 降低产品质量

13. 火灾发生的必要条件是同时具备可燃物、点火源和（　　）3 个要素。

A. 水蒸气　　　　　　B. 氧化剂

C. 还原剂　　　　　　D. 二氧化碳

14. 爆炸极限是指可燃性气体、蒸气或可燃粉尘与空气（或氧气）在一定浓度范围内均匀混合，遇到火源发生爆炸的（　　）范围。

A. 温度　　　　　　B. 浓度

C. 压力　　　　　　D. 点火能量

15. 火炸药在外界作用下引起燃烧和爆炸的难易程度称为火炸药的感度。火炸药有各种不同的感度。下列各种感度中，不属于火炸药感度的是（　　）。

A. 热感度　　　　　　B. 声感度

C. 机械感度　　　　　　D. 电感度

16. 火炸药的感度不包括（　　）感度。

A. 光　　　　　　B. 烟尘

C. 热　　　　　　D. 冲击波

17. 灭火的基本原理可以归纳为 4 种，其中属于化学过程的是（　　）灭火法。

A. 冷却　　　　　　B. 窒息

C. 隔离　　D. 化学抑制

18. 燃烧的三要素为氧化剂、点火源和可燃物。下列物质中属于最常见的氧化剂的是（　　）。

A. 氯气　　B. 氢气

C. 氮气　　D. 一氧化碳

19. 目前在手提式灭火器中，广泛应用的灭火剂是（　　）。

A. 水灭火剂　　B. 干冰灭火剂

C. 干粉灭火剂　　D. 泡沫灭火剂

20. 民用爆破器材是广泛用于矿山、开山辟路、地质探矿等许多工业领域的重要消耗材料。下列爆破器材中，不属于民用爆破器材的是（　　）。

A. 硝化甘油炸药　　B. 乳化炸药

C. 导火索　　D. 烟花爆竹

21. 现代烟花爆竹是以烟火药为原料，经过工艺制作，在燃放时能够产生特种效果的产品。采用的烟火药除氧化剂和可燃剂外，还包括黏结剂和功能添加剂等，烟花爆竹的组成决定了它具有燃烧特性和（　　）。

A. 聚合特性　　B. 衰变特性

C. 爆炸特性　　D. 机械特性

22. 民用爆破器材是用于非军事目的的各种炸药（起爆药、猛炸药、火药、烟火药）及其制品和（　　）的总称。

A. 易爆化学品　　B. 用于军事工程类炸药及其制品

C. 工程爆破用品　　D. 火工品

23. 人在观察物体时，由于视网膜受到光线的刺激，使得视觉印象与物体的实际大小、形状存在差异。这种现象称为（　　）。

A. 明适应　　B. 暗适应

C. 眩光　　D. 视错觉

24. 对于涉及剧毒物品作业的化工设备、零组部件故障率较高的设备、出现事故损失较大的设备，为提高其可靠性，应采用（　　）设计。

A. 人机界面　　B. 强度

C. 冗余　　D. 装配合理

25. 下列不属于视错觉的是（　　）。

A. 方向错觉　　B. 长短错觉

C. 色彩错觉　　D. 记忆错觉

26. （　　）是指心理活动对一定事物或活动的指向或集中。

A. 注意　　B. 记忆

C. 思维　　D. 感觉

27. 人的心理因素中，（　　）是由需要生产的，合理的需要能推动人以一定的方式、在一定的方面去进行积极的活动，达到有益的效果。

A. 能力　　B. 动机

C. 意志　　D. 情绪与情感

28. 烟花爆竹产品按照药量及所能构成的危险性大小，分为 A、B、C、D 4 级。其中，适用于室外开放空间燃放、危险性较小的烟花爆竹产品为（　　）级。

A. A　　B. B

C. C　　D. D

29. 起爆药与工业炸药有明显区别，起爆药的特点是（　　）。

A. 感度低、能迅速形成爆轰　　B. 感度低、不易形成爆轰

C. 感度高、不易形成爆轰　　D. 感度高、能迅速形成爆轰

30. 石油、化工行业是危险性较大的行业，这主要是由所处理物料的危险性及工艺过程的危险性决定的。这些物料具有的危险性是（　　）。

A. 易燃性、腐蚀性

B. 易燃性、易爆性

C. 易燃性、易爆性、毒害性、腐蚀性

D. 易燃性、易爆性、毒害性

31. 石油天然气站场总平面布置应充分考虑生产工艺特点、火灾危险性等级、地形、风向等因素。下列关于石油天然气站场布置的叙述中，正确的是（　　）。

A. 锅炉房、加热炉等有明火或产生火花的设备，宜布置在站场或油气生产区边缘

B. 可能散发可燃气体的场所和设施，宜布置在人员集中场所及有明火或可能散发火花地点的全年最小频率风向的下风侧

C. 甲、乙类液体储罐，宜布置在站场地势较高处

D. 在山区设输油站时，为防止可燃物扩散，宜选择窝风地段

32. 影响道路交通安全的因素包括人员、车辆、道路和环境因素四大类。下列因素中，不属于道路因素的有（　　）。

A. 路面　　B. 气象

C. 道路几何线形　　D. 安全设施

33. 影响道路交通安全的因素包括人员、车辆、道路和环境因素四大类。其中（　　）因素是影响道路交通安全的最关键因素。

A. 人员　　B. 车辆

C. 道路　D. 环境

34. 道路运输车辆的行驶主动安全性是指车辆本身防止或减少交通事故的能力，主要与（　）等有关。

A. 车辆的制动性、动力性、操纵稳定性

B. 车辆上安装的气囊、安全带、配置的灭火器

C. 车辆的制动性、动力性以及安全带、气囊等设施

D. 车辆的定期检测、安装安全玻璃、防爆胎装置

35. 人工挖基坑时，操作人员间距一般要大于（　）。

A. 1 m　B. 0.5 m

C. 2.5 m　D. 3 m

36. 在建筑施工中，高处作业主要有洞口作业、临边作业和（　）。

A. 独立悬空作业　B. 浇注混凝土作业

C. 砌筑砖墙作业　D. 抹灰作业

37. 以下不属于道路因素控制的是（　）。

A. 完善道路安全设施　B. 合理增设服务区

C. 改善道路通行环境　D. 加强道路设计的安全性

38. 根据《水上交通事故统计办法》，水路运输事故中的浪损事故是指（　）。

A. 两艘以上船舶之间发生撞击造成损失的事故

B. 船舶搁置在浅滩上，造成停航或损失的事故

C. 船舶触碰礁石，或者搁置在礁石上，造成损失的事故

D. 船舶因其他船舶兴波冲击造成损失的事故

39. 在有瓦斯爆炸危险性的煤矿井下的采区巷道中，常可看到在一段巷道的顶部设置有岩粉棚或水棚，其目的是（　）。

A. 阻止爆炸的传播　B. 避免发生煤尘爆炸

C. 起到惰化防护作用　D. 降低爆炸的压力上升速率

40. 煤尘爆炸的先决条件有（　）、点火源和空气中有一定浓度的氧气。

A. 煤尘在一定条件下可以爆炸　B. 煤尘的粒度分散度

C. 空气具有一定的湿度　D. 空气具有一定的温度

四、名词解释

1. 机械系统安全

2. 火灾

3. 眩光

4. 可靠性

5. 危险化学品

6. 高处作业

7. 有限空间

五、简答题

1. 简述手提式干粉灭火器的使用方法。

2. 简述安全人机工程的研究内容。

3. 眩光造成的有害影响有哪些？

4. 人的反应时间是什么？

5. 简述危险化学品的安全标签的主要内容。

6. 建筑施工有什么特点？

7. 建筑施工主要事故类型有哪些？

8. 有限空间作业人员的安全教育培训内容有哪些？

9. 瓦斯爆炸事故的防治措施有哪些？

六、论述题

1. 请叙述实现机械安全的措施。

2. 进行高处作业前必须做好哪些必要的安全防护技术措施？

3. 简述煤矿粉尘的危害及防治技术。

第六章　职业病防治

一、填空题

1. 职业病有广义和狭义之分。广义的职业病是指劳动者在职业活动中接触职业性危害因素所直接引起的______，即人们通常认为的一切______________的疾病。狭义的职业病指的是________________。

2. 引发职业病的常见化学因素包括______________和________________。

3. 劳动者享有了解工作场所产生或者可能产生的____________________、危害后果和应当采取的职业病防护措施的权利。

4. ______________被公认是引发职业病的最主要的职业病危害因素。

5. 用人单位应当建立、健全____________________，加强对职业病防治的管理，提高职业病防治水平，对本单位产生的________________承担责任。

6. 国家建立______________________申报制度。用人单位工作场所存在职业病目录所列__________________________的，应当及时、如实向所在地安全生产监督管理部门申报危害项目，接受监督。

7. 合理设计____________，改进____________和____________是改善高温作业条件的根本措施。

8. 职业健康检查分为上岗前职业健康检查、______________________、离岗时职业健康检查、离岗后医学随访检查和__________________5类。

9. 职业健康监护档案应包括____________职业健康管理档案、______________职业健康档案和其他档案。

10. 职业病诊断，应当综合分析下列因素：病人的________，职业病危害接触史和工作场所____________________情况，临床表现以及辅助检查结果等。

二、判断题

1. 生产性粉尘属于职业危害因素中的物理因素。（　　）

2. 劳动者离开用人单位时，有权索取本人职业健康监护档案复印件。（　　）

3. 不具备职业病防护条件的单位和个人也可以接受产生职业病危害的作业。（　　）

4. 用人单位为劳动者个人提供的职业病防护用品必须符合防治职业病的要求。（ ）

5. 职业健康检查费用由劳动者个人承担。（ ）

6. 职工身体健康，离岗、退休时可以不参加职业健康检查。（ ）

7. 职业健康监护主要包括职业健康检查和职业健康监护档案管理等内容。（ ）

8. 职业病诊断、鉴定费用由劳动者个人承担。（ ）

9. 尘肺是指由于生活环境中短期吸入生产性粉尘而引起的以肺组织纤维化为主的疾病。（ ）

10. 职业病诊断的实质是确定疾病与接触职业病危害因素之间的因果关系。（ ）

三、选择题

1. 职业病的特点包括（ ）。

A. 群体发病　　B. 不可预见性

C. 不可预防性　　D. 病因不明

2. 职业病危害因素可分为物理因素、化学因素和生物因素。下列不属于物理因素的是（ ）。

A. 由气体排放产生的噪声　　B. 生产过程释放的有毒物质

C. 炉前工接触的红外线　　D. 电焊时产生的电弧光

3. 某机械制造厂铸造车间，在型砂、铸型、打箱、清砂及铸件清理等生产过程中产生大量游离的二氧化硅粉尘。按照职业病危害因素分类，游离二氧化硅的粉尘属于（ ）。

A. 化学因素　　B. 物理因素

C. 生物因素　　D. 其他因素

4. 机械制造工业生产中，加热金属等可成为红外线辐射源，铸造工、锻造工、焊接工等工种可接触到红外线辐射。按照职业病危害因素分类，红外线辐射属于（ ）。

A. 化学因素　　B. 物理因素

C. 生物因素　　D. 其他因素

5.《职业病分类和目录》中列出的职业病种类有（ ）。

A. 9 大类 99 种　　B. 10 大类 115 种

C. 10 大类 132 种　　D. 9 大类 115 种

6. 某化工企业所在县级市有一家经省级人民政府卫生行政部门批准的职业卫生检测所。根据《职业病防治法》，下列关于职业病诊断的说法，正确的是（ ）。

A. 企业可以委托该所对职工进行职业病诊断

B. 企业员工必须在该所进行职业病诊断

C. 该所进行职业病诊断时，须由两名以上具有职业病诊断资格的执业医师会诊

D. 该所发现企业存在职业病病人，应及时向省级卫生行政部门和民政部门报告

7. 张某对职业病诊断结论有异议，遂向当地市级卫生行政部门申请职业病鉴定，张某对其鉴定结论不服。根据《职业病防治法》，张某应向（　　）申请再鉴定。

A. 当地市级卫生行政部门　　B. 省级卫生行政部门

C. 当地市级人力资源社会保障部门　　D. 省级人力资源社会保障部门

8. 苯可能导致（　　）。

A. 职业性放射性疾病　　B. 职业性皮肤病

C. 职业性化学中毒　　D. 职业性眼病

9. 下列患病情形中，当事人所患疾病不属于职业病的是（　　）。

A. 某水泥生产企业的水泥包装工在工作中因长期接触粉尘而罹患水泥尘肺

B. 某高校实验室实验员因工作长期接触放射性物质而罹患放射性皮肤疾病

C. 某家庭作坊劳动者在制鞋活动中因接触有毒黏结剂而罹患苯所致白血病

D. 某锅炉压力容器制造厂电焊工人因长期从事电弧焊作业而罹患腰椎疾病

10. 对接触职业病危害因素的从业人员，生产经营单位应当按照国家有关规定组织（　　）前的职业健康检查，并将检查结果如实告知从业人员。

A. 招工　　B. 上岗

C. 休假　　D. 进厂

四、名词解释

1. 职业病

2. 职业病危害因素

3. 生产性粉尘

4. 高温作业

5. 职业健康监护

6. 职业病诊断

五、简答题

1. 职业病有哪些特点？

2. 我国的法定职业病有哪些？

3. 劳动者有哪些职业卫生保护权利和义务？

4. 用人单位有哪些职业卫生责任？

5. 噪声分为哪几种类型？它们的定义分别是什么？

6. 高温作业分为哪几种类型？它们的气象特色分别是什么？

7. 职业健康监护的目的是什么？

8. 劳动者个人职业健康监护档案至少应包括哪些内容？

六、论述题

1. 生产性粉尘对机体影响最大的损害是什么？应采取哪些防护措施？

2. 生产性毒物对人体有哪些危害？职业中毒的预防应采取怎样的措施？就其作用可分为哪几方面的具体措施？

第七章　常见安全事故避险与伤害急救

一、填空题

1. 遇有心跳、呼吸骤停又有骨折者，应首先用__________和胸外按压等技术使心、肺复苏，直至心跳、呼吸恢复后，再进行________处理。

2. 现场救护基本原则是____________，____________，先抢后救，抢中有救，尽快脱离事故现场，先分类再运送。

3. 事故现场急救应按照紧急呼救、________和现场救护 3 个步骤进行。

4. 人工呼吸法是采用人工的方法来代替________的呼吸活动，可及时而有效地使气体有节律地进入和排出肺脏，促使呼吸中枢尽早恢复功能，使处于假死状态的伤员尽快脱离缺氧状态，恢复人体自主呼吸。

5. 实施人工呼吸时，如果伤员牙关紧闭不能撬开或口腔严重受伤时，可用__________法。

6. 当只有一个急救者给患者进行心肺复苏术时，应每做____次胸外心脏按压，交替进行____次人工呼吸。

7. 进行胸外心脏按压抢救时，要防止因________而造成组织器官的损伤或肋骨骨折。

8. 伤员的出血量超过________mL，血压就会明显降低，肌肉抽搐，甚至神志不清，呈休克状态，若不迅速采取止血法和包扎法，就会有生命危险。

9. 常用的止血方法主要有__________、止血带止血法、______________和加垫屈肢止血法等。

10. 压迫止血法适用于头、________、________大血管出血的临时止血。

11. 在绑扎和绞止血带时，不要过紧或过松。过紧会造成____________，过松则起不到止血的作用。

12. ____________法多用于肘、膝、腕和踝等关节处，__________法用于头部的包扎。

13. 扎止血带的部位不要离出血点太________，以免使更多的肌肉组织缺血、缺氧。

14. 包扎动作要迅速、敏捷，包扎部位要准确，包扎动作要轻柔，包扎要牢固，即做到____、____、____、____。

15. 骨折部位如有开放性伤口和出血，应先________，并包扎伤口，然后再作骨折的临时固定。如有休克，应先进行__________。

16. 为了尽快找到骨折的伤口，又不增加伤员的痛苦，可__________________。

17. 临时固定用的夹板和其他可用作固定的材料，其长度和宽度要与______________。夹板应能托住整个伤肢。

18. 如果伤员伤势不重，可采用单人搬运法，即用____、____、____、____的方法将伤员运走。

19. 搬运颅脑伤昏迷伤员时，重点保护______。抬运应两人以上，抬运前头部给以软枕，在头颈部两侧垫衣物使颈部固定。

20. 搬运伤员时应注意，在搬运行进中，动作要轻，脚步要稳，步调要________，避免________和________。

21. 多层场所的火灾安全疏散应以先__________，后__________，再__________的顺序进行，以安全疏散到地面为主要目标。

22. 如果身上衣服着火，应迅速将________，或________，将火压灭。

23. 如果逃生人员要经过充满浓烟的路线，可把________，叠起来捂住口鼻。

24. 如果三层以上的高层房间已被烟火围困，屋内人员切不可__________。

25. 发生毒气泄漏事故后，风向标可以正确指引有关人员根据风向及泄漏源位置，及时往______或______逃生。

26. 遭遇拥挤人群时，切记不要______________，那样非常容易被推倒在地。

27. 发生踩踏事故倒地时双膝尽量______，护住______和______的重要脏器，侧躺在地。

28. 地震来袭时，应尽可能地在____________的地方用双手护住头部，自救自护。

29. 人触电以后，可能由于痉挛、失去知觉或中枢神经失调而紧抓带电体，不能自行脱离电源。这时，______________________是救治触电者的首要条件。

30. 触电事故发生后，急救人员切不可__________、其他金属或__________作为急救工具，而必须使用__________的工具。

31. 为防止触电者脱离电源后摔倒，应准确判断________________，特别是触电者身在高处的情况下，还要采取防摔措施。

32. 化学烧伤的程度取决于化学物质的________、________和______________。

33. 硫酸、盐酸、硝酸等强酸烧伤皮肤后，应立即________________________。

34. 误服强碱后，应立即口服__________、__________以起到中和作用，也可口服牛奶、蛋清、豆浆、食用植物油中的任一种，每次 200 mL 保护消化道黏膜。

35. 严重的热烧伤是很危险的，急性期要过______关、______关和______关。

36. 重要部位如__________、__________烧伤后，抢救时要特别注意。

37. 电烧伤有两种情况：一种是接触性电烧伤，又称________；另一种是__________，可烧伤人体，甚至造成深部组织坏死。

38. 现场急救时若断指（趾）、断肢仍在机器中，切勿______________或将______________，以免加重损伤。应立即设法顶起车轮，拆开机器，取出断指（趾）、断肢。

39. 离体断指（趾）、断肢在常温下可存活__________h 左右，在低温下则可持续存活更长时间。

40. 车祸发生后，应利用________________提醒后方来车，防止引发二次车祸。

41. 当发生溺水时，不熟悉水性者除及时________外，应取________位，头部向后，使鼻部可露出水面呼吸。

42. 如果溺水者呼吸、心跳完全停止，应立即做__________。

43. 抢救高处坠落伤害事故的脊椎受伤者时，搬运过程中严禁____________________或____________。

44. 发生化学品中毒事故后，救护人员在进入危险区域前必须做好防护工作，戴好__________、__________等防护用品。

45. 发生食物中毒事故后，应__________，封存导致中毒的食品或疑似导致中毒的食品。

二、判断题

1. 当伤员的呼吸及心脏跳动停止时，采用人工呼吸法就可使伤员复苏。（　）

2. 实施口对口人工呼吸法时，急救者的一只手要始终捏紧伤员的鼻孔，避免漏气。（　）

3. 如果伤员牙关紧闭不能撬开或口腔严重受伤，可用口对鼻吹气法。（　）

4. 在对伤员进行胸外心脏按压时，急救者借助自身体重和臂、肩部肌肉的力量，急促向下压迫伤员的胸骨，然后双手迅速离开胸壁，使胸骨复位。（　）

5. 实行胸外心脏按压时，注意的要点之一是按压频率要控制好，频率一般为 100~200 次/min。（　）

6. 通常在做胸外心脏按压的同时，进行口对口人工呼吸，以保证氧气的供给。当只有一个急救者时，两种方法则应交替进行。（　）

7. 动脉出血一般来自伤口的近心端，出血量多，速度快，危险性大。一般使用加压包扎止血法予以止血。（　）

8. 采用止血带止血法时，止血带与皮肤之间必须垫以纱布、棉花或衣服，以免止血带与皮肤直接接触。（　）

9. 严重挤压的肢体或伤口远端肢体严重缺血时，禁止使用止血带。（　）

10. 采用环形包扎法时，绷带每圈需完全或大部分重叠，末端用胶布固定，或将绷带尾部撕开，打一活结固定。此法适用于前臂和手指等处的包扎。（ ）

11. 头部外伤和四肢外伤一般采用三角巾包扎法和绷带包扎法。（ ）

12. 对伤员骨折处理的基本原则是尽量不让骨折肢体活动，不要进行现场复位。（ ）

13. 骨折固定用的夹板不能与皮肤直接接触，要用棉花或毛巾、布单等柔软物品垫好。（ ）

14. 四肢骨折应先固定骨折下端，再固定上端。除了把骨折的上下两端固定好外，如遇关节处，要同时把关节固定好。（ ）

15. 用担架抬运伤员时，为使后面的抬送人员能及时看到伤员的面部表情，应让伤员脚朝后、头在前。（ ）

16. 选择搬运方法时，应根据伤员受伤的部位和伤情的轻重来决定。（ ）

17. 发生危险化学品泄漏事故后，现场人员应全力控制泄漏，防止危险化学品蔓延而产生严重的后果。（ ）

18. 逃生时，如果危险化学品泄漏现场没有防护用具或者防护用具数量不足，现场人员可应急使用湿毛巾或衣物等捂住口鼻。（ ）

19. 为了在危险化学品泄漏事故发生时能够顺利逃生，除了要在现场采取有效的自救逃生方法外，还要靠平时不断掌握有毒有害化学品的知识，提高防护、自救的能力。（ ）

20. 发生化学品中毒事故后，救援人员应抓紧宝贵时间，立即进入危险区进行救援。（ ）

21. 如果毒物污染了伤员的眼部、皮肤，应立即用水冲洗。（ ）

22. 突遇火灾，面对浓烟和大火，现场人员要尽快向楼梯下面跑，撤离现场。（ ）

23. 高层建筑内发生火灾后，为加快逃生速度，现场人员应尽量乘坐电梯逃生。（ ）

24. 如果逃生时要经过充满烟火的区域，应尽量穿戴防毒面具、头盔、阻燃隔热服等护具。如果没有这些护具，可多穿些衣服，再冲出去。（ ）

25. 楼房着火时，应根据火势情况，优先选用最便捷、最安全的通道和疏散设施。（ ）

26. 身处火灾烟气中无其他办法逃生时，就应不顾一切地跳楼逃生。（ ）

27. 一旦发生火灾事故，为能安全迅速地脱离现场，每个人应在日常工作与生活中对自己所处的工作场所和居住场所的建筑物结构及逃生路线了如指掌。（ ）

28. 遭遇拥挤的人流时，一定不要采取体位前倾或者低重心的姿势，即便鞋子被踩掉

或鞋带松脱，也不要贸然弯腰提鞋或系鞋带。（　）

29. 地震后如果不幸被建筑物压埋，应立即大声呼喊让别人来救援。（　）

30. 若洪水到来，发现高压线铁塔倾倒、电线低垂或断折，应远离避险，防止触电。（　）

31. 遭遇泥石流时，应立刻向河床两岸低处跑。（　）

32. 滑坡、崩塌过后应立即进入灾害区去挖掘和搜寻财物。（　）

33. 发生高压触电事故时，应迅速用干燥的木棒、木板等绝缘物拉开搭落在触电者身上的高压电线，以帮助触电者脱离电源。（　）

34. 在救护低压触电者时，如果电源开关或电源插头不在触电地点附近，可用干木板等绝缘物质插入触电者身下，隔断电流。（　）

35. 人在触电后，有时会出现较长时间的假死现象。急救人员为保证抢救效果，应及时给触电者打强心针，以使其尽早清醒过来。（　）

36. 救护人员在帮助触电者脱离电源时，如果找不到干燥绝缘的工具，可直接用手操作。但最好只用一只手操作，以防自己触电。（　）

37. 磷烧伤后，常常要用5%碳酸氢钠或食用苏打水湿敷创面，其目的是使创面与空气隔绝，防止磷在空气中氧化燃烧而加重烧伤。（　）

38. 决定热烧伤严重程度的主要因素是烧伤面积占体表面积的百分比及烧伤的深度。（　）

39. 若烧伤处已有水疱形成，可用针刺一个小孔，以排出疱内液体，使创面尽快结痂愈合。（　）

40. 在火场大声呼喊，会导致呼吸道烧伤。由于呼吸道烧伤属于内脏烧伤，容易被漏诊而延误抢救。因此，抢救时要密切观察伤员有无进行性呼吸困难。（　）

41. 电烧伤的严重程度主要是以烧伤部位的面积来衡量。（　）

42. 相对来说，电弧烧伤对人体的伤害程度比电灼伤要严重些。（　）

43. 眼眶部受到钝性打击，仅引起眼眶周围软组织肿胀而无破口的，应立即热敷，以消肿止痛。（　）

44. 发生车祸时，为确保伤者安全，原则上尽量不要移动伤者。（　）

45. 营救溺水者时，营救人员应从其前面靠近，不要让慌乱挣扎的落水者抓住，以免发生危险。（　）

46. 重症中暑患者体温常在40 ℃以上，皮肤干燥、灼热，呼吸快，脉搏>140次/min。（　）

47. 中暑患者应快速补充大量水分，否则会引起呕吐、腹痛、恶心等症状。（　）

48. 若食物中毒患者已经昏迷，应立即催吐。（　）

三、选择题

1. 当伤员的呼吸及心脏跳动均停止时，应及时采用（　　）。

A. 口对口人工呼吸法

B. 口对鼻人工呼吸法

C. 口对口人工呼吸法和胸外心脏按压法

D. 口对鼻人工呼吸法和胸外心脏按压法

2. 救护伤员时，最常采用的人工呼吸方法是（　　）。

A. 口对口人工呼吸法　　B. 口对鼻人工呼吸法

C. 俯卧压背法　　D. 仰卧举臂压胸法

3. 进行口对口人工呼吸时，急救者吹气时，应仔细观察伤员的（　　），以确定吹气是否有效和吹气是否适度。

A. 鼻孔是否呼出空气　　B. 胸部是否扩张隆起

C. 瞳孔是否逐渐缩小　　D. 面色是否逐渐红润

4. 在实施胸外心脏按压的同时，急救者要随时观察伤员的情况。如果能（　　），而且瞳孔逐渐缩小，面有红润，说明心脏按压已有效，即可停止。

A. 听到伤员的呼气声

B. 看到伤员的胸廓自行弹回

C. 看到伤员的口腔不再紧闭

D. 摸到伤员的脉搏开始搏动

5. 进行胸外心脏按压抢救时，抢救者（　　）的定位必须准确，用力要垂直适当，要有节奏地反复进行。

A. 在伤员身旁　　B. 手掌

C. 手掌根　　D. 手臂

6. 止血带止血法适用于（　　），是指用止血带绕肢体绑扎打结固定，以达到止血的目的的方法。

A. 头、颈、四肢动脉大血管出血的临时止血

B. 四肢大血管出血的止血

C. 小血管和毛细血管的止血

D. 小臂和小腿的止血

7. 小血管和毛细血管出血血色暗红，流速缓慢。一般抬高出血肢体以减少出血，然后用（　　）即可达到止血目的。

A. 压迫止血法　　B. 止血带止血法

C. 加垫屈肢止血法　　D. 加压包扎止血法

8. 对肘、膝、腕和踝等关节处进行包扎时，多用（　　）。

A. 环形包扎法　　B. 螺旋包扎法

C. “8”字包扎法　　D. 回转包扎法

9. 头部包扎后形似风帽，这是采用了（　　）。

A. 三角巾头部包扎法　　B. 绷带环形包扎法

C. 绷带螺旋包扎法　　D. 三角巾面部包扎法

10. 在夏季发生断指（趾）、断肢后，除做必要的急救外，还应注意保存断指（趾）、断肢，以求进行再植。保存的方法是将断指（趾）、断肢（　　）。

A. 用清洁水冲洗　　B. 用清洁塑料袋包好

C. 用消毒溶液浸泡　　D. 与冰块直接接触

11. 对于有明显外伤畸形的伤肢，正确的处理方法是（　　）。

A. 按原形完全复位　　B. 把露出的断骨送回伤口

C. 作临时固定，进行大体纠正　　D. 对伤肢进行适当按摩

12. 不仅需用夹板固定，还需用长木板固定的伤情是（　　）。

A. 前臂骨折　　B. 股骨骨折

C. 小腿骨折　　D. 脊椎骨折

13. 抬运脊柱骨折的伤员，切忌（　　）。

A. 让其平卧　　B. 一人抬胸，一人抬腿

C. 用硬担架抬运　　D. 摇晃和振动

14. 若伤员不能行走，但上肢还有力量，可采用肩膝手抱法，让伤员勾在搬运者颈上。但此法禁用于（　　）的伤员。

A. 膝部受伤　　B. 足部受伤

C. 头部受伤　　D. 脊柱骨折

15. 当现场人员确认无法控制危险化学品泄漏时，必须当机立断，撤离现场。此时，（　　）尤为重要。

A. 选择正确的逃生方法　　B. 选择正确的防护措施

C. 正确判断泄漏物质的特性　　D. 动作迅速

16. 从危险化学品泄漏现场逃生时，现场人员应根据泄漏物质的密度，选择向高处或低洼处逃生，但切忌在（　　）滞留。

A. 低洼处　　B. 高处

C. 上风向　　D. 侧风向

17. 对于一氧化碳中毒者，如果其心脏跳动已停止，应迅速（　　）。

A. 给中毒者闻氨水解毒

B. 进行人工呼吸

C. 进行胸外心脏按压

D. 同时进行胸外心脏按压和人工呼吸

18. 如果伤员是由于瓦斯或二氧化碳引起的窒息，情况不太严重时，可（　　）。

A. 给窒息者闻氨水解毒

B. 把窒息者移到空气新鲜的场所休息

C. 对窒息者进行人工呼吸

D. 对窒息者进行胸外心脏按压

19. 企业应保证每个作业场所（　　），出口和通道要畅通无阻，并有明显逃生标志。

A. 有一个紧急出口　　B. 至少有一个紧急出口

C. 有两个紧急出口　　D. 至少有两个紧急出口

20. 在危险化学品泄漏事故发生时能否顺利逃生，关键在于是否能够选择正确的逃生方法，即能否迅速（　　）。

A. 判明泄漏的原因　　B. 找到泄漏的部位

C. 确定风向及泄漏源位置　　D. 报告有关部门求得援救

21. 如果火灾现场烟雾很大或断电，能见度很低，无法辨明方向，则应（　　），找到安全出口。

A. 朝明亮的方向摸索前进

B. 朝阳台、气窗、天台等方向摸索前进

C. 按安全疏散指示标志的指引方向稳妥行进

D. 尽量快步前行

22. 如果处在没有避难间的建筑里，被困人员应创造避难场所以求生存。首先，应（　　），然后用湿毛巾或湿布条塞住门窗缝隙，或者用水浸湿棉被蒙上门窗，并不停用水淋透房间内可燃物，防止烟火渗入。

A. 利用绳索或床单、窗帘、衣服等自制成简易救生绳

B. 攀到建筑物的阳台、窗台等地方

C. 关紧房间迎火的门窗，打碎背火的窗玻璃

D. 关紧房间迎火的门窗，打开背火的门窗

23. 发生低压触电事故时，应立即（　　），以帮助触电者脱离电源。

A. 通知有关部门停电

B. 抛掷金属线使线路短路接地

C. 断开开关或拔出触电地点附近的插头

D. 用干燥的手把触电者拉离电线或挑开电线

24. 触电者脱离电源后，如果呼吸和心脏跳动都已停止，应立即（　　）。

A. 解开其紧身衣服以利呼吸

B. 进行口对口人工呼吸和胸外心脏按压急救

C. 实施口对口人工呼吸进行急救

D. 实施胸外心脏按压进行急救

25. 硫酸、盐酸、硝酸等强酸造成眼部烧伤后，应立即（　　）。

A. 用手将患眼撑开，把面部浸入清水中，进行简易的冲洗

B. 送往医院

C. 用手或手帕揉擦眼睛

D. 让救护人员用嘴轻吹眼睑

26. 强酸引起消化道烧伤后，上腹部剧痛，为保护消化道黏膜，此时可（　　）。

A. 口服食用植物油　　B. 口服碳酸氢钠

C. 立即催吐　　D. 立即洗胃

27. 对于严重烧伤者，早期应及时给其补充体液，防止休克。最好让伤员口服（　　）。

A. 糖水　　B. 白开水

C. 含盐饮料　　D. 牛奶

28. 如果热烧伤者穿着衣服的部位烧伤严重，应立即（　　）。

A. 轻轻脱掉衣服

B. 用剪刀剪开烧伤部位的衣服

C. 用湿毛巾或布单盖在烧伤部位

D. 朝衣服上面浇冷水

29. 火灾引起烧伤时，身上燃烧着的衣服如果一时难以脱下来，可（　　）。

A. 用手使劲拍打　　B. 快速奔跑

C. 卧倒在地滚压灭火　　D. 大声呼喊求救

30. 电弧烧伤一般不会引起心脏纤维性颤动，更为常见的是人体由于（　　）而死亡，故抢救时应先进行呼吸的复苏。

A. 心跳停止　　B. 呼吸麻痹

C. 缺氧　　D. 出血过多

四、名词解释

1. 人工呼吸法

2. 胸外心脏按压法

3. 食物中毒

五、简答题

1. 事故现场救护时应遵循哪些基本原则？

2. 事故现场急救时应注意哪些事项？

3. 进行心肺复苏时要注意哪些问题？

4. 常用的止血法有哪些？其适用部位分别为哪里？

5. 骨折临时固定时应注意哪些问题？

6. 如何搬运脊柱骨折的伤员？

7. 火灾报警时应注意哪几个方面？

8. 如何使触电者脱离电源？

9. 对一氧化碳中毒者如何进行有效救治？

10. 对中暑患者应采取哪些急救措施？

11. 对食物中毒患者应采取哪些急救措施？

六、论述题

1. 学习和掌握现场急救知识和方法的意义是什么？

2. 火灾安全疏散有哪些注意事项？应该如何在火场进行逃生和自救？